MI PRIMER LIBRO DE ASTRONOMIA

Carolina Silva Trejos

ISBN-10: 1497500362
ISBN-13: 978-1497500365

DEDICATORIA

Para todos los niños que buscan respuestas y especialmente para uno que preguntaba cuántas estrellas hay en el cielo y nadie le hacía caso, pues ha sido él quien realmente me ha impulsado a escribir este libro.

CONTENIDO

PRÓLOGO

PARTE 1: LO BÁSICO

PARTE 2: PREGUNTAS

SOBRE EL SOL

SOBRE EL PLANETA TIERRA Y LOS OTROS PLANETAS

SOBRE LA LUNA

SOBRE LAS ESTRELLAS

SOBRE LA GALAXIA Y VIDA EXTRATERRESTRE

PRÓLOGO

Querido lector:

Este es un libro de astronomía donde encontrarás lo más básico que hay que saber sobre nuestro planeta TIERRA y el UNIVERSO. Tiene dibujos de los planetas que están en el tamaño correcto comparados con el SOL. También contiene varias preguntas interesantes que es posible que te hayas hecho alguna vez como por ejemplo ¿cuántas estrellas hay? ¡Espero que lo disfrutes!

PARTE 1

TAMAÑO DEL SOL, LA LUNA Y LA TIERRA

Para empezar vamos a hablar de los tamaños. Para hacernos una idea de cómo es el tamaño real de cualquier cosa se utilizan "proporciones", o sea medidas a escala. Por ejemplo, si tenemos un coche de juguete vemos que éste es una réplica de un coche real como el que utilizan los mayores pero pequeñito. Otro ejemplo es cuando hacemos un dibujo, si alguien nos pide hacer un dibujo de nuestra casa, sabemos que tenemos que ajustarnos al tamaño de una hoja de papel y que nuestra casa realmente es mucho más grande, entonces nuestro dibujo será una representación a escala de nuestra casa real.

Ahora que sabemos qué son las "proporciones", vamos a imaginar que la TIERRA es del tamaño de un garbanzo, de este modo la LUNA será igual de pequeñita que un granito de pimienta si los ponemos juntos, y el SOL será igual de grande que ¡una pelota de pilates!

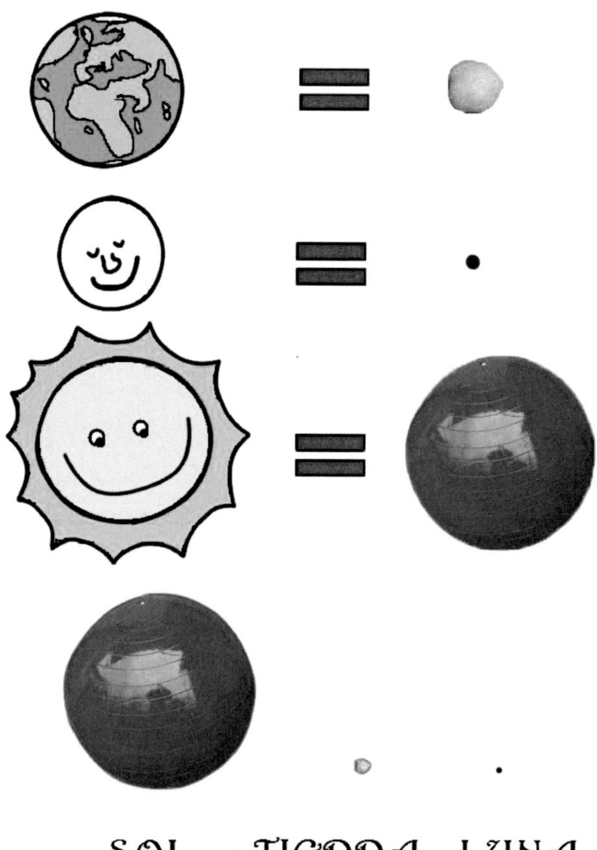

SOL TIERRA LUNA

LAS DISTANCIAS

Siguiendo con las proporciones, La LUNA (el granito de pimienta) se encuentra a una distancia de unos 15 centímetros de la TIERRA (el garbanzo), esto sería como coger un plato de comida y poner el granito de pimienta en un extremo y el garbanzo en el otro extremo.

En cambio, el SOL (la pelota de Pilates) se encontrará a una distancia de unos 70 metros, esto sería como poner nuestro plato con el garbanzo y el granito de pimienta y ponerlo dentro de un estadio de fútbol a un lado de la cancha y cruzarlo a lo ancho, es decir, donde no están las porterías, y poner al otro lado la pelota de Pilates. Seguramente te estarás preguntando ¿Por qué estando tan lejos el SOL de la TIERRA calienta tanto?

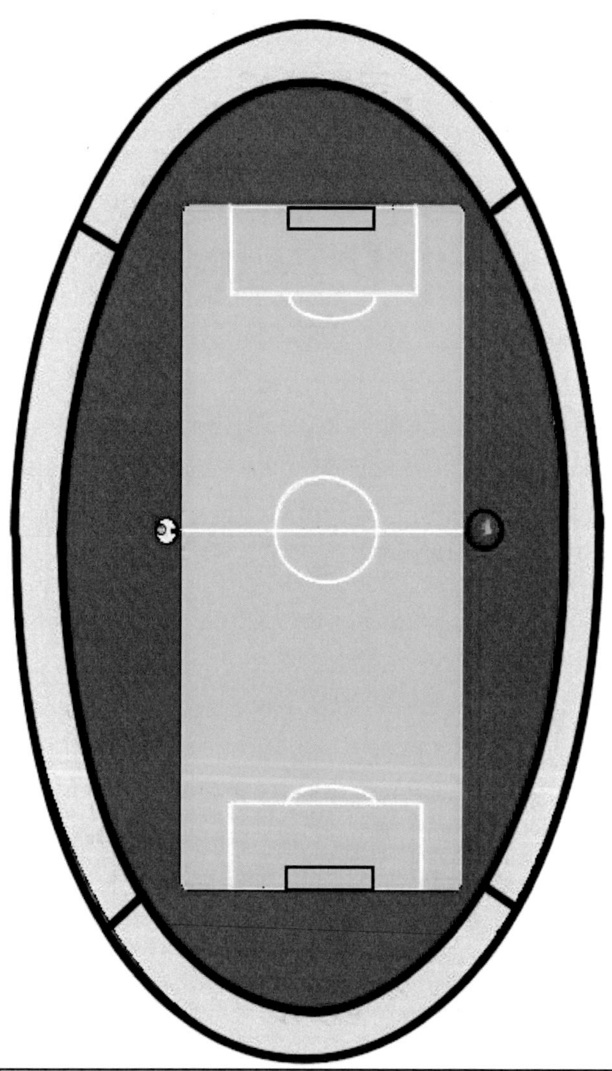

Estadio de fútbol visto desde arriba con un plato con un garbanzo y un granito de pimienta a la izquierda y una pelota de pilates a la derecha.

EL SISTEMA SOLAR Y LOS PLANETAS

El Sistema Solar se compone de los planetas y el SOL que está en el centro.

Tal vez si le preguntas a una persona adulta cuáles son los planetas del sistema solar, te dirá que son: MERCURIO, VENUS, TIERRA, MARTE, JUPITER, SATURNO, URANO, NEPTUNO Y PLUTÓN, en total 9 planetas, pero actualmente PLUTÓN ha perdido la categoría de planeta porque es muy enano, así que si borramos a PLUTÓN de la lista, en total tenemos 8 planetas.

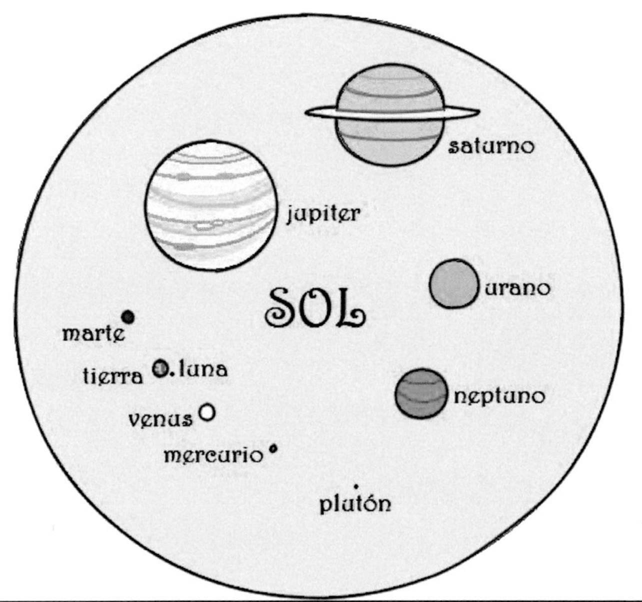

Tamaño a escala de cada planeta comparado con el SOL

El más grande de todos los planetas es JUPITER y siguiendo con las proporciones, sería como una pelota de tenis. Esto significa que si pones el garbanzo junto a la pelota de tenis te harás una idea de cómo es de grande JUPITER comparado con la TIERRA.

SOL JUPITER TIERRA LUNA

VENUS tiene prácticamente el mismo tamaño que la TIERRA, entonces VENUS sería como otro garbanzo.

Actualmente PLUTÓN no es un considerado un planeta como los demás porque es tan pequeño que tiene el mismo tamaño de la LUNA, PLUTÓN sería como otro granito de pimienta.

LAS ORBITAS

La órbita es como un camino imaginario o ruta que sigue cada planeta alrededor del SOL, cada planeta tiene su propia órbita y sigue ese recorrido hasta dar toda la vuelta al SOL. Las órbitas son como railes de trenes y cada planeta tiene su propio rail por eso no se chocan entre sí.

Sistema solar, Los planetas en proporción con el SOL, cada uno en su órbita y gravitando alrededor de éste.

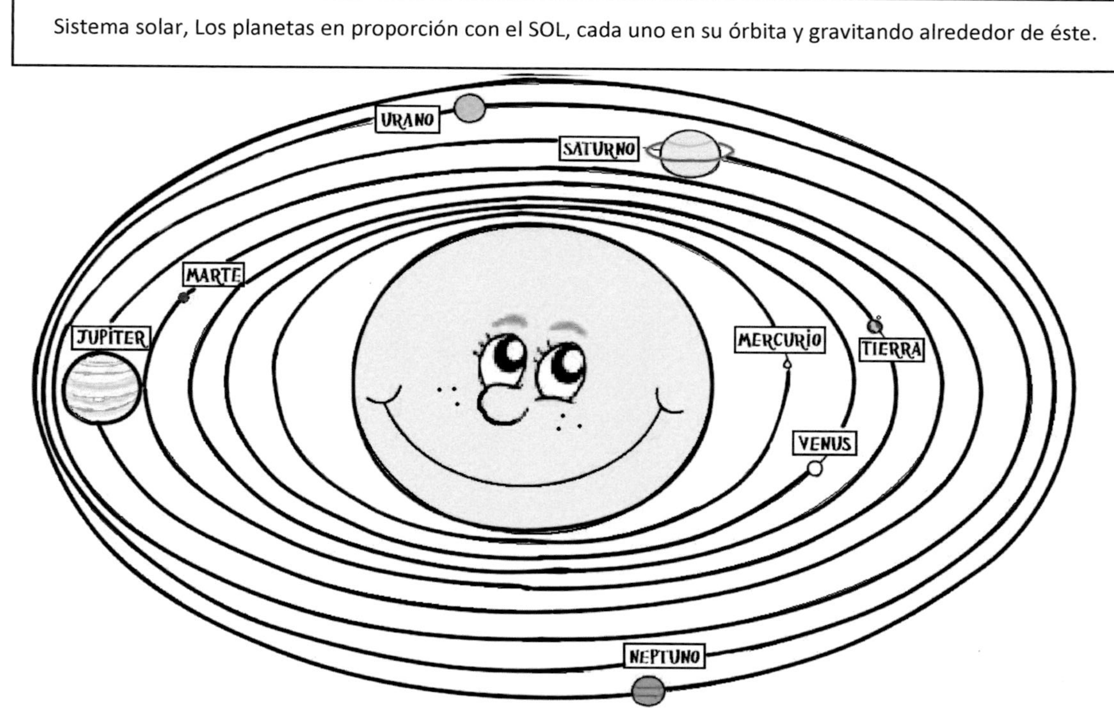

MOVIMIENTOS DE ROTACIÓN Y TRASLACIÓN

Los planetas están ordenados alrededor del SOL y giran alrededor del SOL dentro de su propia órbita, éste movimiento se conoce como TRASLACIÓN.

La TIERRA tarda 365 días en dar la vuelta completa al SOL, es decir un año entero.

MERCURIO, que es el planeta que está más cerca al SOL tarda 88 días en darle la vuelta, esto son unos 3 meses.

NEPTUNO, que es el planeta más alejado del SOL tarda 164 años en dar la vuelta al SOL.

A su vez, cada planeta gira sobre sí mismo, es decir, sobre su propio eje, éste movimiento se conoce como ROTACIÓN. Girar sobre el propio eje es como coger y dar muchas vueltas sin movernos de nuestro sitio.

La TIERRA tarda 24 horas en girar sobre sí misma, esto equivale a un día.

Movimiento de Rotación

La LUNA tarda 28 días en dar la vuelta a la TIERRA y también 28 días girar sobre sí misma.

JUPITER es el más rápido de todos en girar sobre sí mismo, sólo tarda unas 10 horas.

LA LUZ

La velocidad de la luz es la mayor velocidad que existe, viaja tan rápido que tarda en llegar desde el SOL a la TIERRA sólo 8 minutos y 9 segundos.

EL SOL Y LAS ESTRELLAS

EL SOL es el astro rey, es la estrella de nuestro sistema solar y las estrellas pequeñitas que vemos en el cielo en la noche están fuera de nuestro sistema solar y están muy lejos. En realidad, las estrellas son otros soles de otros sistemas solares con sus propios planetas.

El SOL constituye la mayor fuente de su energía y sustenta la vida en nuestro planeta, pues ayuda a las plantas y a los animales en sus procesos vitales. Esto significa que si no existiera el SOL no habría vida tal como la conocemos.

La naturaleza con el SOL a la izquierda y sin SOL a la izquierda

La estrella más cercana a nuestro Sistema Solar y que está fuera de él se llama “Próxima Centauri”, está a 4 años luz. Si la luz del SOL tarda unos 8 minutos en llegar a la TIERRA, para llegar a “Próxima Centauri” tardaríamos 4 años yendo tan rápido como la velocidad de la luz.

EL UNIVERSO Y LA VÍA LÁCTEA

El universo está compuesto de varías galaxias, nuestra galaxia se llama VIA Láctea y es donde se encuentra la TIERRA. Una galaxia tiene normalmente un agujero negro en el centro y varios brazos formados de estrellas, que son las que vemos en el cielo en la noche, en uno de esos brazos esta nuestro Sistema Solar, exactamente nuestro brazo se llama BRAZO DE ORION.

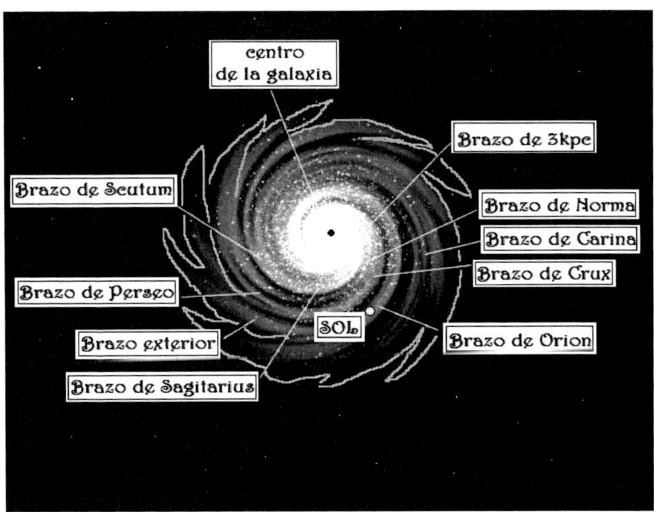

El agujero negro ocupa muy poco espacio comparado con la galaxia, tiene más o menos unos 2 kilómetros de diámetro y es lo más pesado que existe en la galaxia, gira tan rápido como la velocidad de la luz y tiene tanta gravedad que hasta la luz pesa tanto que no puede escapar.

El Sistema estelar más cercano a nosotros se llama ALFA CENTAURI y se encuentra en el mismo brazo donde está la VÍA LÁCTEA.

ALFA CENTAURI en lugar de tener una única estrella como nosotros que tenemos el SOL, tiene 3 estrellas que giran entre ellas, éstas estrellas son: PRÓXIMA CENTAURÍ, ALFA CENTAURI A y ALFA CENTAURI B.

La galaxia más próxima a la nuestra con sus propios brazos, estrellas y sistemas estelares se llama "ANDRÓMEDA"

INSTRUMENTOS Y LUGARES DE OBSERVACIÓN

Las estrellas se pueden observar en la noche con sólo mirar al cielo, pero hay unos instrumentos especiales si las queremos ver más de cerca, lo más sencillo es usar unos binoculares.

También se puede usar un telescopio, los hay de muchos tamaños. Los más grandes suelen tener muchos aumentos, esto significa que las estrellas y los planetas se verán más grandes y muy cerca.

Un OBSERVATORIO ASTRONÓMICO es un lugar donde se observan los fenómenos del cielo y tiene un telescopio gigante. Cada país puede tener un observatorio o unos cuantos.

Un PLANETARIO es un lugar dedicado a representar espectáculos astronómicos y el cielo nocturno, consta de una pantalla de proyección como la del cine que suele estar en el techo y tiene forma de cúpula, esto significa que es como de forma redondeada como la mayoría de iglesias por dentro. Los planetarios se encuentran en las ciudades grandes.

La NASA es un lugar que está en Estados Unidos y se dedica principalmente a la exploración del espacio, ahí trabajan científicos e investigadores, y desde una ciudad que se llama Houston que también está en Estados Unidos se suelen lanzar los cohetes que van al espacio, por eso habrás escuchado en las películas donde salen astronautas "*Houston tenemos un problema...*"

PARTE 2
PREGUNTAS SOBRE EL SOL

¿DE QUÉ ESTÁ HECHO EL SOL?

El SOL está hecho principalmente de un material que se llama HIDRÓGENO, aunque también está hecho de otro que se llama HELIO, son gases que utilizamos en la TIERRA para llenar los globos que flotan, pero en el SOL están ardiendo y quemándose. El SOL está tan caliente que su superficie alcanza los 5.000 grados de temperatura y en el interior está a millones de grados.

¿POR QUÉ EL SOL CALIENTA TANTO SI ESTÁ TAN LEJOS?

Porque funciona como si fuera un horno microondas gigantesco siempre encendido y muy potente, pero sus ondas son distintas.

SOBRE EL PLANETA TIERRA Y LOS OTROS PLANETAS

¿POR QUÉ CUANDO ESTAMOS DURMIENDO EN EL OTRO LADO DEL MUNDO ES DE DÍA?

Porque la TIERRA es redonda y está girando siempre, cuando es de día la TIERRA está mirando hacía el SOL y por eso la mitad del planeta está iluminado, la parte de atrás no está mirando al SOL, lo que significa que en la parte que no está iluminada es de noche.

Por eso un niño que vive en España y el reloj marca las 21:00 de la noche (o 9:00 p.m.), debería irse a dormir, y otro niño que viva en Colombia, al mismo tiempo que el niño de España va a dormir, mirará su reloj y verá que marca las 15:00 de la tarde (o 3:00 p.m.), por lo tanto es probable que el niño de Colombia esté comiendo o haciendo sus deberes.

¿POR QUÉ LA TIERRA SE ESTÁ MOVIENDO SI YO LA VEO QUIETA?

No notas que se mueve porque tú te mueves con ella, es como cuando estás en un barco o en un tren a veces no sabes si se está moviendo a no ser que mires por la ventanilla.

¿TODOS LOS PLANETAS SON REDONDOS?

Sí, aunque algunos parecen estar algo aplastados como cuando pones el pie encima de un balón y se vuelve como un huevo. También hay planetas que tienen un anillo a su alrededor como SATURNO.

¿DE QUÉ COLOR SON LOS PLANETAS?

El color de los planetas depende de la atmósfera que tenga cada uno de ellos. La atmósfera es la capa de gas que recubre a los planetas y por lo tanto también recubre a la TIERRA. Algunos planetas tienen una atmósfera muy tenue prácticamente inexistente como MERCURIO y PLUTÓN. El resto de planetas si tienen atmósfera.

MERCURIO se ve de color caramelo, como esta tan cerca al sol está achicharrado.

VENUS se ve blanco porque está envuelto en muchas nubes.

MARTE es rojo porque sus rocas están formadas por hierro, un mineral rojizo.

JUPITER tiene franjas marrones claras y azules sobre un fondo claro.

SATURNO es amarillento.

URANO es verde azulado, y ese color procede del gas metano que hay en su atmósfera.

NEPTUNO es azul marino porque tiene Helio en su atmósfera.

PLUTÓN es naranja oscuro con zonas casi negras y otras zonas casi blancas, cuando se aleja del SOL su atmósfera se congela.

¿DE QUÉ ESTÁ HECHO EL ANILLO DE SATURNO?

Está hecho de numerosos de asteroides, los asteroides son como rocas flotantes. Los expertos dicen que son trocitos de una luna que tenía SATURNO y que exploto al colisionar con el planeta y se quedaron ahí flotando.

SATURNO

PREGUNTAS SOBRE LA LUNA

¿DE QUÉ ESTÁ HECHA LA LUNA?

La LUNA es un satélite y su superficie no es lisa, está llena de cráteres, como si tuviera una cara llena de granitos, está llena de rocas y tierra, de arena tan fina y blanca que parece polvo y además como no hay aire no hay viento y todo se queda igual en la misma posición para siempre. Tampoco tiene casi atmósfera.

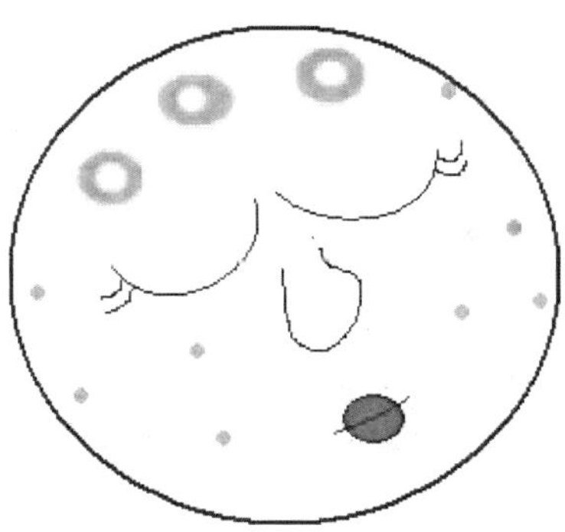

¿POR QUÉ LA LUNA A VECES PARECE UNA UÑA Y OTRAS VECES ESTÁ REDONDA?

La LUNA siempre es redonda pero a veces se ve como una uña por un efecto de iluminación del SOL. Como ya sabemos, la LUNA se va moviendo alrededor de la TIERRA y cada vez que va cambiando de posición nos va mostrando su parte iluminada.

De este modo la LUNA pasa por 4 fases:

Cuando la LUNA está totalmente REDONDA es porque el SOL la está iluminando por completo. Por lo tanto diremos que la LUNA está LLENA.

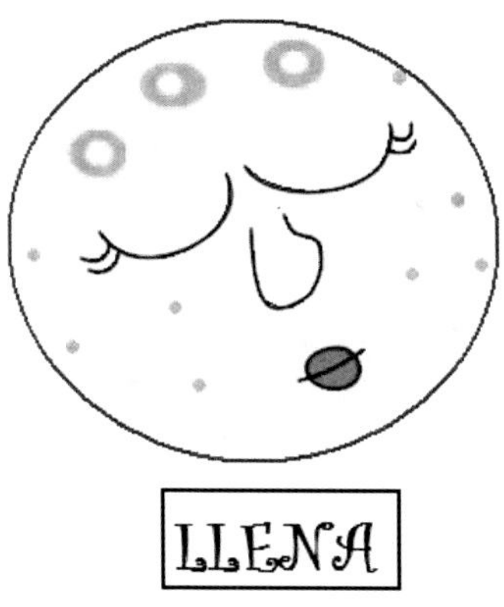

LLENA

Cuando la LUNA se ve como una uña es porque el SOL está iluminando sólo una partecita de ella. La LUNA está ubicada en ese momento a un lado de la TIERRA y no se ve la parte que no está iluminada. Por tanto diremos que la LUNA está en CRECIENTE o en CUARTO MENGUANTE. Esta diferenciación la veremos más adelante.

Cuando la LUNA prácticamente no se ve es porque la LUNA al dar la vuelta a la TIERRA está pasando en ese momento entre el SOL y la TIERRA y el SOL la ilumina desde atrás por eso es como si no la viéramos. En esta fase diremos que es LUNA NUEVA.

Las cuatro formas de la LUNA o fases de la LUNA son entonces: LLENA, CRECIENTE, MENGUANTE y NUEVA.

Ahora la diferenciación entre CRECIENTE y MENGUANTE: Son dos uñas, una para un lado y la otra para el otro. Cuando está en CRECIENTE significa que está creciendo y cuando está en MENGUANTE, significa que está menguando, es decir, volviéndose pequeñita. Un truco sencillo para diferenciar a las dos cuando las vemos en el cielo, es recordar que la "*Luna siempre miente*", esto quiere decir que cuando tiene la forma de la letra "C" es porque NO está en **C**RECIENTE que también empieza por la letra C, sino menguando, o sea en MENGUANTE. Así, fácilmente sabremos que cuando la "**Ↄ**" está invertida es porque la LUNA está mintiendo y está en **C**RECIENTE.

¿POR QUÉ PESO MENOS EN LA LUNA?

Para saber esto primero tenemos que saber que es la GRAVEDAD, es el efecto de la fuerza que nos atrae hacia el suelo y hace que no estemos flotando, gracias a la gravedad tenemos la sensación de peso, la gravedad es distinta dependiendo del planeta o sitio en el que nos encontremos. Por ejemplo, si estamos en la LUNA, como ésta es más pequeña que la TIERRA hay menos gravedad y tendremos la sensación de pesar menos, en la LUNA serían aproximadamente 6 veces menos, sólo tienes que dividir tu peso en 6, por ejemplo, si pesas 24 kilos en la TIERRA, pesarás 4 kilos en la LUNA, que es como una saco de patatas de esos que venden en el supermercado. Y si por el contrario, el planeta es más grande, y ahora nos encontramos por ejemplo en JUPITER pesaremos más, por ejemplo si pesas 24 kilos en la TIERRA pesarás 60 kilos en JUPITER, equivale a lo que pesa un adulto aproximadamente.

¿QUÉ ES UN ECLIPSE?

Es cuando un cuerpo celeste tapa a otro con su sombra, en el caso del ECLIPSE LUNAR, es cuando la TIERRA coincide exactamente en medio entre la LUNA y el SOL. Se reconoce porque la LUNA se vuelve de color naranja. Este fenómeno se puede ver en algunas ocasiones y no necesitamos gafas protectoras para verlo en el cielo.

También hay eclipse del SOL, se llama ECLIPSE SOLAR y es cuando la LUNA coincide exactamente en medio del SOL y la TIERRA, este fenómeno se reconoce porque cuando sucede está de día y por unos minutos se vuelve de noche, como es del SOL y éste tiene rayos muy fuertes es un fenómeno que no se debe ver sin unas gafas protectoras especiales.

¿POR QUÉ LA LUNA SE LLAMA SATÉLITE Y HAY OTROS SATÉLITES QUE PARECEN MÁQUINAS?

Se denomina satélite a cualquier cuerpo que orbita alrededor de otro, puede ser un cuerpo celeste natural como la LUNA o puede ser artificial, esto significa creado por el hombre y lanzado hacia el espacio, generalmente los satélites artificiales sirven para hacer misiones espaciales con propósitos científicos como por ejemplo para observar otros planetas o recoger información.

¿LOS OTROS PLANETAS TAMBIÉN TIENEN LUNA?

La mayoría sí, y casi todos tienen más de una luna.

MARTE: Tiene 2 lunas pequeñitas que se llaman FOBOS y DEIMOS.

JÚPITER: Tiene unas 67. Las más grandes son: IO, EUROPA, GANIMEDES Y CALISTO.

SATURNO: Tiene unas 200. Las más famosas son: TITAN, REA, DIONE, TETIS, JAPETO, ENCELADO, MIMAS, HIPERION y FOEBE. Sabemos de TITAN que es una luna que tiene cráteres y lagos que a simple vista se ven como si fuera agua, aunque realmente no es agua, es un líquido compuesto de otro material y en Titán siempre está lloviendo.

URANO: Tiene 27 conocidas, las más famosas son: TITANIA, OBERON, UMBRIEL, ARIEL y MIRANDA.NEPTUNO: Tiene 14 conocidas, las más importantes es TRITON, que es la más grande, y le siguen NEREIDA y PROTEO

PLUTÓN: Tiene una casi igual de grande al propio PLUTÓN que se llama CARONTE y unas 4 más muy pequeñitas.

¿POR QUÉ VEMOS SIEMPRE LA MISMA CARA DE LA LUNA? ¿ACASO ES TÍMIDA?

Porque está bailando con la tierra agarrada dando círculos como cuando coges a tu amiga de las dos manos y giráis juntos siempre mirándoos la cara, pues eso le pasa a la TIERRA y la LUNA. La razón científica es que la luna está sincronizada con la TIERRA y siempre se están mirando la una a la otra por el "*efecto de las mareas*", esto significa que cuando un planeta tiene mares, como el nuestro, sus satélites naturales se sincronizan y no le dan la espalda a su planeta.

SOBRE LAS ESTRELLAS

¿CUÁNTAS ESTRELLAS HAY?

Hay tantas estrellas que podemos decir que son infinitas, aunque en nuestra VÍA LÁCTEA que es nuestra galaxia hay cerca de unos 300.000 millones de estrellas.

¿QUÉ TAMAÑO TIENEN LAS ESTRELLAS?

Las estrellas que vemos fijas en el cielo cuando es de noche tienen un tamaño parecido al del SOL aunque no lo parezca, lo que pasa es que como están fuera de nuestro sistema solar se ven pequeñitas, es como cuando vemos en un puerto un barco grande y cada vez que se adentra en el mar y aleja vemos que se hace pequeñito, no por estar lejos pierde su tamaño real, sólo es un efecto por la gran distancia que nos separa de él.

Hay estrellas incluso más grandes que el SOL, tan gigantes que hasta podrían ocupar nuestro Sistema Solar entero.

¿QUÉ DIFERENCIA HAY ENTRE LAS ESTRELLAS QUE ESTÁN QUIETAS EN EL CIELO Y LAS ESTRELLAS FUGACES?

Las estrellas fugaces son diferentes a las que vemos quietas en el cielo, las fugaces son meteoros y atraviesan la atmósfera. Estos meteoros o estrellas fugaces caen en la atmósfera y empiezan a arder como cerillas porque al ir tan rápido el aire los calienta, acaban ardiendo y quemándose muy rápido y finalmente se desintegran en la atmósfera.

¿QUÉ SON LAS CONSTELACIONES?

Son figuras que parecen formar las estrellas en el cielo, los hombres en la Antigüedad creyeron ver unas figuras hechas de estrellas y las pusieron nombres. La más conocida es la OSA MAYOR, en esta constelación las estrellas que más relucen son las que se ven como un carrito de la compra.

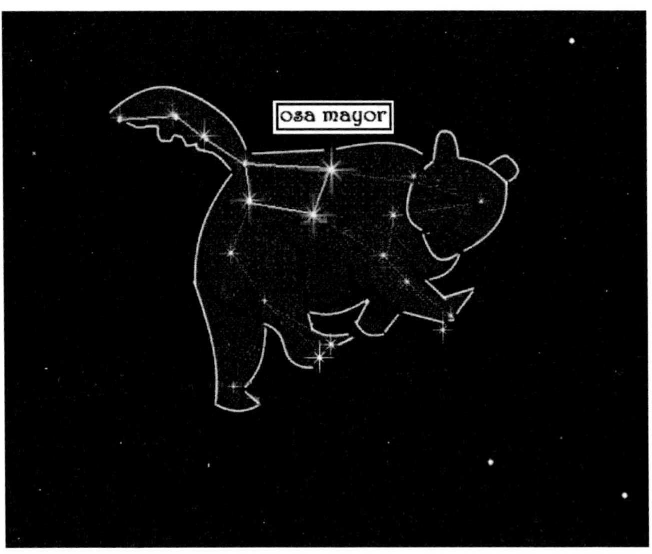

¿TODO LO QUE VEMOS EN EL CIELO EN LA NOCHE SON ESTRELLAS?

La mayoría sí son estrellas, aunque a simple vista también se puede ver algún planeta que suele confundirse con una estrella. Los planetas se reconocen porque son un poquito más grandes que las estrellas, por ejemplo Marte suele verse como una estrella rojiza.

¿POR QUÉ NO SE VEN LAS ESTRELLAS EN LA CIUDAD?

Porque el humo de los coches y las fábricas contaminan el aire, fenómeno conocido como "*contaminación atmosférica*", debido a esto se forma una capa invisible que tapa el cielo e impide ver las estrellas. Si vas al campo es muy probable que veas muchas estrellas en la noche porque no suele haber contaminación atmosférica y el cielo está despejado.

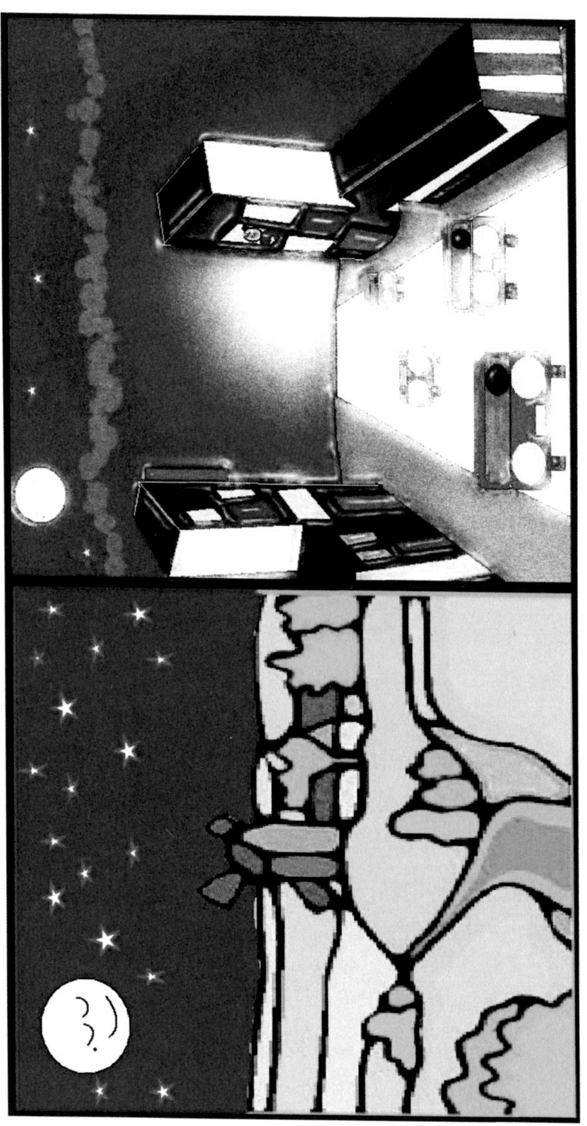

Estrellas en el campo y estrellas en la ciudad.

SOBRE LA GALAXIA Y VIDA EXTRATERRESTRE

¿EL AGUJERO NEGRO ES UN HUECO NEGRO?

El agujero negro que se encuentra en el centro de la Galaxia no es ningún hueco, al revés está demasiado lleno, se ha comido muchas estrellas y pesa mucho, es como si se hubiera puesto un traje negro muy ajustado de forma que no se le ve.

¿HAY MÁS SISTEMAS SOLARES?

Sí, pero reciben otros nombres. El Sistema Solar nuestro se llama así por nuestro SOL, lo correcto es decir que son sistemas estelares, es decir, sistemas con su propia estrella o estrellas. El Sistema estelar más próximo a nosotros es el Sistema Alfa Centauri y tiene 3 estrellas o soles. Si viviéramos en un planeta del Sistema Alfa Centauri es probable que en el día contempláramos tres soles y no uno.

¿HAY MARCIANOS EN MARTE?

No, aunque los científicos están buscando células para saber si alguna vez ha habido vida en MARTE. Los marcianos que se ven en las películas de ciencia ficción son inventados y son como nos los imaginamos.

¿HAY VIDA EN OTROS PLANETAS?

En nuestro Sistema Solar sólo hay vida en la TIERRA. En los otros planetas no porque o están muy cerca o muy lejos del SOL, y sus atmósferas y componentes no son ideales para que haya vida. Sin embargo es probable que haya vida en planetas muy lejanos, fuera de nuestro Sistema Solar. Para que haya vida deben darse ciertas condiciones ambientales y los científicos han encontrado planetas que tienen atmósfera, agua y una temperatura y tamaños parecidos a la TIERRA pero están tan lejos que nuestra tecnología no permite visitarlos ni confirmar con nuestros propios ojos si realmente hay vida.

Si has disfrutado leyendo este libro tanto como yo escribiéndolo, estaré encantada de que me escribas o me envíes tu opinión a psicocarolinasilva@gmail.com

Made in the USA
San Bernardino, CA
06 December 2015